Autour de Pythagore

© Mars 2023, R.S.

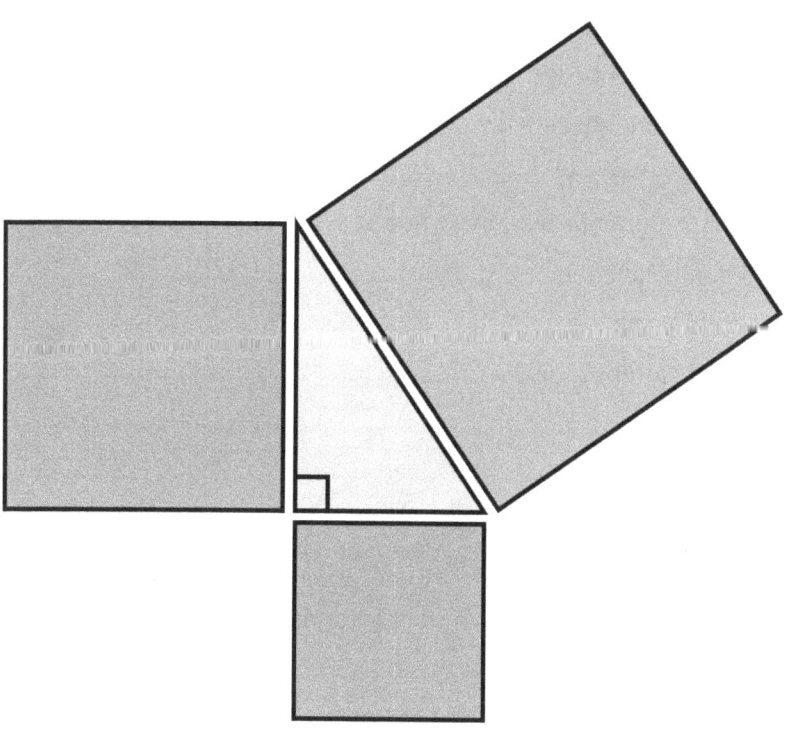

Table des matières

Autour de Pythagore 7
1. Par addition 8
2. Par produit 8
3. Par addition logarithmique 9
4. Par addition logarithmique et inconnue 10
5. Par produit logarithmique 10
6. Par produit logarithmique et inconnue 11
7. Par addition exponentielle 12
8. Par addition exponentielle et inconnue 13
9. Par produit exponentielle 14
10. Par produit exponentielle et inconnue 15
11. Par addition racinienne 16
12. Par produit racinienne 16
13. Par addition carrée 17
14. Par produit carré 18
15. Par addition inverse 19
16. Par produit inverse 20
17. Par addition logarithmique inverse 21
18. Par addition logarithmique inverse et inconnue 22
19. Par produit logarithmique inverse 24
20. Par produit logarithmique inverse et inconnue 25
21. Par addition racinienne inverse 26
22. Par produit racinienne inverse 27
23. Par addition carrée inverse 28
24. Par produit carré inverse 29

25. Par addition sinusoïdale	30
26. Par produit sinusoïdal	31
27. Par addition cosinusoïdale	32
28. Par produit cosinusoïdal	33
29. Par addition tangentielle	34
30. Par produit tangentiel	35
31. Par addition sinusoïdale hyperbolique	36
32. Par produit sinusoïdal hyperbolique	37
33. Par addition cosinusoïdale hyperbolique	38
34. Par produit cosinusoïdal hyperbolique	39
35. Par addition tangentielle hyperbolique	40
36. Par produit tangentiel hyperbolique	41
37. Par distance	42
38. Conclusion	44

© 2023, RS, Paris, France.

ISBN : 9798388899545

Tous droits de traduction, de reproduction et d'adaptation réservés pour tous pays.

Le Code de la propriété intellectuelle n'autorisant, aux termes de l'article L.122-5, 2° et 3° a), d'une part, que les "copies ou reproductions strictement réservées à l'usage privé du copiste et non destinées à une utilisation collective" et, d'autre part, que les analyses et les courtes citations dans un but d'exemple et d'illustration, "toute représentation ou reproduction intégrale ou partielle faite sans le consentement de l'auteur ou de ses ayants droit ou ayants cause est illicite" (art. L.122-4).

Cette représentation ou reproduction, par quelque procédé que ce soit, constituerait donc une contrefaçon sanctionnée par les articles L.335-2 et suivants du Code de la propriété intellectuelle.

A Amélie et Victor

"Toute chose est nombre.", Pythagore

"La raison est immortelle, tout le reste est mortel.", Pythagore

Autour de Pythagore

Voici quelques variations autour de la célèbre équation :

$$a^2 + b^2 = c^2 \text{ tel que } (a; b; c) > 0 \text{ et réels}$$

Par exemple :

$$3^2 + 4^2 = 5^2$$

Ces triplets Pythagoriciens peuvent être de différentes formes. En voici quelques-unes que nous avons imaginées. Nous avons décomposé en deux parties. La première par addition et la seconde par produit. Cela correspond aux équations suivantes :

$$\begin{cases} a^2 + b^2 = (a+b)^2 \\ a^2 + b^2 = (ab)^2 \end{cases}$$

Ensuite, on déforme a et b à l'aide de fonctions usuelles. On regarde alors si des solutions existent toujours et quels aspects elles ont. C'est parti !

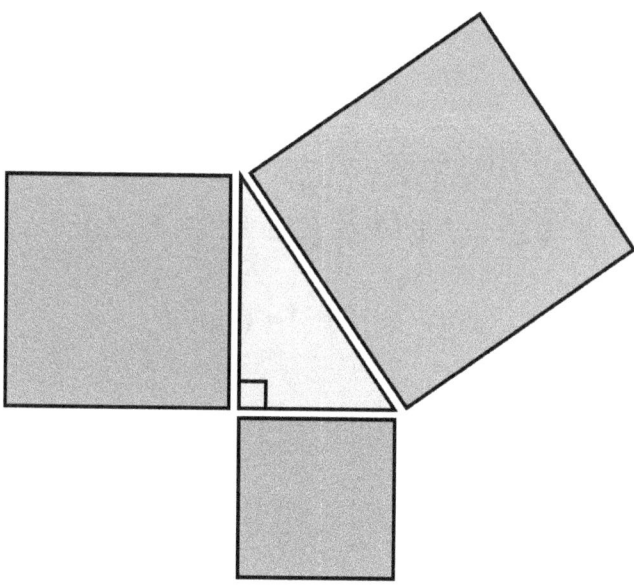

AUTOUR DE PYTHAGORE

1. Par addition

Soit :
$$a^2 + b^2 = (a+b)^2$$

Alors :
$$2ab = 0 \rightarrow (a;b) = \{(0;n);(n;0)\} \,\forall n \rightarrow \text{infinité de solutions}$$

Et :
$$\text{En particulier si } a = b \rightarrow (a;b) = (0;0)$$

2. Par produit

Soit :
$$a^2 + b^2 = (ab)^2$$

Alors :
$$a = \pm \frac{b}{\sqrt{b^2 - 1}}$$

D'où :
$$(a;b) = \left\{\left(\frac{n}{\sqrt{n^2-1}};n\right);\left(n;\frac{n}{\sqrt{n^2-1}}\right);\left(\frac{n}{\sqrt{n^2-1}};-n\right);\left(-n;\frac{n}{\sqrt{n^2-1}}\right)\right\} \,\forall |n| > 1$$
$$\rightarrow \text{infinité de solutions}$$

Et :
$$\text{si } a = b \rightarrow (a;b) = (\sqrt{2};\sqrt{2})$$

3. Par addition logarithmique

Soit :
$$\ln^2(a) + \ln^2(b) = \ln^2(a+b)$$

On pose :
$$b = ka \rightarrow \ln^2(a) + 2\ln\left(\frac{k}{k+1}\right)\ln(a) + \ln\big(k(k+1)\big)\ln\left(\frac{k}{k+1}\right) = 0 \text{ et } k > 0$$

$$\rightarrow \ln(a) = \ln\left(1+\frac{1}{k}\right) + \sqrt{2\ln(k+1)\ln\left(1+\frac{1}{k}\right)} \approx \frac{1+\sqrt{2k\ln(k+1)}}{k} \rightarrow \sqrt{\frac{2\ln(k)}{k}}$$

Alors :
$$a = \left(1+\frac{1}{k}\right)^{1+\sqrt{\frac{2\ln(k+1)}{\ln\left(1+\frac{1}{k}\right)}}} \rightarrow 1$$

D'où :

$$(a;b) = \left\{ \begin{pmatrix} \left(1+\frac{1}{k}\right)^{1+\sqrt{\frac{2\ln(k+1)}{\ln\left(1+\frac{1}{k}\right)}}} ; k\left(1+\frac{1}{k}\right)^{1+\sqrt{\frac{2\ln(k+1)}{\ln\left(1+\frac{1}{k}\right)}}} \end{pmatrix}; \\ \begin{pmatrix} k\left(1+\frac{1}{k}\right)^{1+\sqrt{\frac{2\ln(k+1)}{\ln\left(1+\frac{1}{k}\right)}}} ; \left(1+\frac{1}{k}\right)^{1+\sqrt{\frac{2\ln(k+1)}{\ln\left(1+\frac{1}{k}\right)}}} \end{pmatrix} \end{pmatrix} \right\} \forall k > 0$$

$$\rightarrow \textit{infinité de solutions}$$

Et :
$$\text{si } k = 1 \rightarrow a = b \rightarrow (a;b) = \left(2^{1+\sqrt{2}}; 2^{1+\sqrt{2}}\right) \approx (5{,}33; 5{,}33)$$

4. Par addition logarithmique et inconnue

Soit :
$$\ln^2(ax) + \ln^2(bx) = \ln^2((a+b)x)$$

Alors :
$$\ln^2(x) + 2\ln\left(\frac{ab}{a+b}\right)\ln(x) + \ln^2(a) + \ln^2(b) - \ln^2(a+b) = 0$$

D'où :
$$\boxed{x = \left(\frac{1}{a} + \frac{1}{b}\right) e^{\pm\sqrt{2\ln\left(\frac{a}{a+b}\right)\ln\left(\frac{b}{a+b}\right)}} \to 2 \: familles \: de \: solution}$$

Et :
$$si \: a = b \to x = \frac{2^{1\pm\sqrt{2}}}{a}$$

5. Par produit logarithmique

Soit :
$$\ln^2(a) + \ln^2(b) = \ln^2(ab)$$

Alors :
$$\boxed{2\ln(a)\ln(b) = 0 \to (a;b) = \{(1;n);(n;1)\} \: \forall n > 0 \to infinité \: de \: solutions}$$

Et :
$$si \: a = b \to (a;b) = (1;1)$$

6. Par produit logarithmique et inconnue

Soit :
$$\ln^2(ax) + \ln^2(bx) = \ln^2(abx)$$

Alors :
$$(\ln(a) + \ln(x))^2 + (\ln(b) + \ln(x))^2 = (\ln(ab) + \ln(x))^2$$

D'où :

$$\boxed{2\ln(a)\ln(b) = \ln^2(x) \rightarrow x = e^{\pm\sqrt{2\ln(a)\ln(b)}} \rightarrow 2\ familles\ de\ solution}$$

Et :
$$si\ a = b \rightarrow x = a^{\pm\sqrt{2}}$$

7. Par addition exponentielle

Soit :
$$(e^a)^2 + (e^b)^2 = (e^{a+b})^2$$

Alors :
$$e^{2a} + e^{2b} = e^{2(a+b)} = e^{2a}e^{2b}$$

Et :
$$b = -\frac{\ln(1 - e^{-2a})}{2}$$

D'où :
$$\boxed{(a;b) = \left\{\left(n; -\frac{\ln(1-e^{-2n})}{2}\right); \left(-\frac{\ln(1-e^{-2n})}{2}; n\right)\right\} \; \forall n > 0 \rightarrow \text{infinité de solutions}}$$

Et :
$$si\ a = b \rightarrow 2(e^a)^2 = (e^{2a})^2 \rightarrow e^{2a} = 2 \rightarrow a = \frac{\ln(2)}{2}$$

Soit :
$$(a;b) = \left(\frac{\ln(2)}{2}; \frac{\ln(2)}{2}\right) \approx (0{,}3466; 0{,}3466)$$

8. Par addition exponentielle et inconnue

Soit :
$$(e^{ax})^2 + (e^{bx})^2 = (e^{(a+b)x})^2$$

Alors :
$$e^{2ax} + e^{2bx} = e^{2(a+b)x} = e^{2ax}e^{2bx}$$

Et :
$$(e^{-ax})^2 + (e^{-bx})^2 = 1 \rightarrow \text{Parcours le } 1^{er} \text{ quadrant du cercle de rayon } 1$$
$$\rightarrow \begin{cases} 0 \leq e^{-ax} \leq 1 \rightarrow ax \geq 0 \\ 0 \leq e^{-bx} \leq 1 \rightarrow bx \geq 0 \end{cases} \rightarrow sign(a) = sign(b) = sign(x) = \frac{|x|}{x}, x \neq 0$$

Inégalités des moyennes Quadratique, Arithmétique, Géométrique et Harmonique :

$$\underbrace{\sqrt{\frac{e^{4ax} + e^{4bx}}{2}}}_{M_Q} \geq \underbrace{\frac{e^{2ax} + e^{2bx}}{2}}_{M_A} \geq \underbrace{e^{ax}e^{bx} = \sqrt{e^{2ax} + e^{2bx}}}_{M_G} \geq \underbrace{\frac{2e^{2ax}e^{2bx}}{e^{2ax} + e^{2bx}} = 2}_{M_H}$$

D'où :
$$M_G \geq M_H \rightarrow e^{ax}e^{bx} \geq 2 \rightarrow x \geq \frac{\ln(2)}{a+b}$$
$$M_Q \geq M_A \rightarrow \cosh(2(a-b)x) \geq 1 \rightarrow \text{Toujours vrai}$$

De plus :
$$(e^{-2x})^a + (e^{-2x})^b = 1$$
$$\text{On pose sans perte de généralités } b \geq a$$
$$\rightarrow (e^{-2x})^b (1 + (e^{-2x})^{a-b}) = 1 = k \cdot \frac{1}{k} \text{ avec } k \geq 1$$

D'où :

$$\begin{cases} (e^{-2x})^b = \dfrac{1}{k} \\ (e^{-2x})^a = 1 - \dfrac{1}{k} \end{cases} \to x = \begin{cases} \dfrac{\ln(k)}{2b} \\ \dfrac{1}{2a}\ln\left(\dfrac{k}{k-1}\right) \end{cases}$$

$$\to \text{infinité de solutions avec } \ln(k) = \dfrac{b}{a}\ln\left(\dfrac{k}{k-1}\right)$$

Et :

$$si\ a = b \to k = 2 \to x = \dfrac{\ln(2)}{2a}$$

9. Par produit exponentielle

Soit :

$$(e^a)^2 + (e^b)^2 = (e^{ab})^2$$

Alors :

$$e^{2a} + e^{2b} = e^{2ab}$$

Et :

$$\text{On pose } b = a + k \to e^{2a} + e^{2(a+k)} = e^{2a(a+k)}$$

$$\to e^{2k} + 1 = e^{2a^2 + 2(k-1)a} \to a^2 + (k-1)a - \ln\left(\sqrt{e^{2k}+1}\right) = 0$$

$$\to a = \dfrac{1}{2}\left(1 - k + \sqrt{(k-1)^2 + 2\ln(e^{2k}+1)}\right) > 1$$

D'où :

$$(a;b) = \left\{\left(\dfrac{m-n+1}{2};\dfrac{m+n+1}{2}\right);\left(\dfrac{m+n+1}{2};\dfrac{m-n+1}{2}\right)\right\} \forall n > 0$$

$$\to \text{infinité de solutions avec } m = \sqrt{(n-1)^2 + 2\ln(e^{2n}+1)}$$

Et :

$$si\ a = b \to n = 0 \to (a;b) = \left(\dfrac{1+\sqrt{2\ln(2)+1}}{2};\dfrac{1+\sqrt{2\ln(2)+1}}{2}\right) \approx (1{,}2724; 1{,}2724)$$

AUTOUR DE PYTHAGORE

R.S.
28/03/23

10. Par produit exponentielle et inconnue

Soit :
$$(e^{ax})^2 + (e^{bx})^2 = (e^{abx})^2$$

Alors :
$$e^{2ax} + e^{2bx} = e^{2abx}$$

$$\to e^{-2ax}(e^{abx} - e^{bx})(e^{abx} + e^{bx}) = 1 = \frac{1}{u} \cdot \frac{1}{v} \cdot (uv) \text{ avec } u \text{ et } v \geq 1$$

D'où :
$$\begin{cases} e^{-2ax} = \dfrac{1}{u} \\ e^{abx} - e^{bx} = \dfrac{1}{v} \\ e^{abx} + e^{bx} = uv \end{cases} \to \begin{cases} x = \dfrac{\ln(u)}{2a} \\ v = \dfrac{1}{u^{\frac{b}{2}} - u^{\frac{b}{2a}}} \\ v = u^{\frac{b-2}{2}} + u^{\frac{b-2a}{2a}} \end{cases} \to \left(u^{b\left(1-\frac{1}{a}\right)} - 1\right) u^{\frac{b}{a}-1} = 1 = \frac{1}{w} \cdot w \text{ et } w \geq 1$$

Soit :
$$\begin{cases} u^{\frac{b}{a}-1} = w \\ u^{b\left(1-\frac{1}{a}\right)} - 1 = \dfrac{1}{w} \end{cases} \to \begin{cases} u = w^{\frac{a}{b-a}} \\ u = \left(1 + \dfrac{1}{w}\right)^{\frac{a}{b(a-1)}} \end{cases} \to w^{\frac{a(b-1)}{b-a}} - w - 1 = 0 \text{ et } a \neq b \neq 0$$

Ainsi :
$$\boxed{x = \frac{\ln(w)}{2(b-a)} \text{ avec } w^{\frac{a(b-1)}{b-a}} - w - 1 = 0 \to \text{infinités de solutions}}$$

Et :
$$\text{si } a = b \to x = \frac{\ln(2)}{2a(a-1)}$$

$$\text{si } a = 4 \text{ et } b = -2 \to w^2 - w - 1 = 0 \to w = \varphi = \frac{1+\sqrt{5}}{2} \to x = -\frac{\ln(\varphi)}{12} \approx -0{,}04$$

11. Par addition racinienne

Soit :
$$\left(\sqrt{a}\right)^2 + \left(\sqrt{b}\right)^2 = \left(\sqrt{(a+b)}\right)^2$$

Alors :
$$a+b = a+b \rightarrow (a;b) = (n;m)\ \forall n,m \rightarrow Infinité\ de\ solutions$$

12. Par produit racinienne

Soit :
$$\left(\sqrt{a}\right)^2 + \left(\sqrt{b}\right)^2 = \left(\sqrt{ab}\right)^2$$

Alors :
$$a+b = ab \rightarrow a = \frac{b}{b-1}$$

D'où :
$$(a;b) = \left\{\left(n;\frac{n}{n-1}\right);\left(\frac{n}{n-1};n\right)\right\}\ \forall n \neq 1 \rightarrow infinité\ de\ solutions$$

Et :
$$si\ a = b \rightarrow a = 2 \rightarrow (a;b) = (2;2)$$

13. Par addition carrée

Soit :
$$(a^2)^2 + (b^2)^2 = ((a+b)^2)^2$$

Alors :
$$a^4 + b^4 = (a+b)^4 = a^4 + 4a^3b + 6a^2b^2 + 4ab^3 + b^4$$

D'où :
$$2a^2 + 3ba + 2b^2 = 0 \rightarrow a = \frac{-3 \pm i\sqrt{7}}{4}b$$

Et :
$$(a;b) = \left\{\left(\frac{-3+i\sqrt{7}}{4}n;n\right); \left(\frac{-3-i\sqrt{7}}{4}n;n\right); \left(n;\frac{-3+i\sqrt{7}}{4}n\right); \left(n;\frac{-3-i\sqrt{7}}{4}n\right)\right\} \forall n$$

$\rightarrow$ *pas de solutions réelles mais infinité de solutions complexes*

Et :
$$si\ a = b \rightarrow a = 0 \rightarrow (a;b) = (0;0)$$

14. Par produit carré

Soit :
$$(a^2)^2 + (b^2)^2 = ((ab)^2)^2$$

Alors :
$$a^4 + b^4 = a^4 b^4 \rightarrow a = \pm \frac{b}{\sqrt{\sqrt{b^4 - 1}}}$$

D'où :
$$\boxed{(a;b) = \left\{ \left(\pm \frac{n}{\sqrt{\sqrt{n^4-1}}}; n \right); \left(-\frac{n}{\sqrt{\sqrt{n^4-1}}}; n \right); \left(n; \frac{n}{\sqrt{\sqrt{n^4-1}}} \right); \left(n; -\frac{n}{\sqrt{\sqrt{n^4-1}}} \right) \right\} \forall n}$$
$$\rightarrow \textit{infinité de solutions}$$

Et :
$$si\ a = b \rightarrow a^4 = 2 \rightarrow a = \left\{ \sqrt{\sqrt{2}}; -\sqrt{\sqrt{2}}; i\sqrt{\sqrt{2}}; -i\sqrt{\sqrt{2}} \right\}$$

D'où :
$$(a;b) = \left\{ \left(\sqrt{\sqrt{2}}; \sqrt{\sqrt{2}} \right); \left(-\sqrt{\sqrt{2}}; -\sqrt{\sqrt{2}} \right); \left(i\sqrt{\sqrt{2}}; i\sqrt{\sqrt{2}} \right); \left(-i\sqrt{\sqrt{2}}; -i\sqrt{\sqrt{2}} \right) \right\}$$

15. Par addition inverse

Soit :
$$\left(\frac{1}{a}\right)^2 + \left(\frac{1}{b}\right)^2 = \left(\frac{1}{a+b}\right)^2$$

Alors :
$$\frac{1}{a^2} + \frac{1}{b^2} = \frac{a^2+b^2}{a^2b^2} = \frac{1}{a^2+2ab+b^2} \rightarrow a^4 + 2ab(a^2+ab+b^2) + b^4 = 0$$

Soit :
$$b = \left\{\frac{a}{2}\left(-(\sqrt{2}+1) \pm \sqrt{2\sqrt{2}-1}\right); \frac{a}{2}\left(\sqrt{2}-1 \pm i\sqrt{2\sqrt{2}+1}\right)\right\}$$

D'où :
$$(a;b) = \begin{cases}(n; np_+); (n; np_-); (n; nq_+); (n; nq_-); \\ (np_+; n); (np_-; n); (nq_+; n); (nq_-; n)\end{cases} \forall n \rightarrow \textit{Infinités de solutions}$$

Avec :
$$\begin{cases} p_+ = \dfrac{-(\sqrt{2}+1)+\sqrt{2\sqrt{2}-1}}{2} \text{ et } p_- = \dfrac{-(\sqrt{2}+1)-\sqrt{2\sqrt{2}-1}}{2} \\ q_+ = \dfrac{\sqrt{2}-1+i\sqrt{2\sqrt{2}+1}}{2} \text{ et } q_- = \dfrac{\sqrt{2}-1-i\sqrt{2\sqrt{2}+1}}{2} \end{cases}$$

Et :
$$si\ a = b \rightarrow \frac{2}{a^2} = \frac{1}{4a^2} \rightarrow pas\ de\ solution$$

AUTOUR DE PYTHAGORE

16. Par produit inverse

Soit :
$$\left(\frac{1}{a}\right)^2 + \left(\frac{1}{b}\right)^2 = \left(\frac{1}{ab}\right)^2$$

Alors :
$$\frac{1}{a^2} + \frac{1}{b^2} = \frac{1}{a^2b^2} \rightarrow a^2 + b^2 = 1 \rightarrow Cercle\ de\ rayon\ 1 \rightarrow a = \pm\sqrt{1-b^2}$$

D'où :
$$\boxed{(a;b) = \left\{\left(n;\sqrt{1-n^2}\right); \left(n;-\sqrt{1-n^2}\right); \left(\sqrt{1-n^2};n\right); \left(-\sqrt{1-n^2};n\right)\right\}\ \forall n \neq 0}$$
$$\rightarrow Infinité\ de\ solutions$$

Et :
$$si\ a = b \rightarrow 2a^2 = 1 \rightarrow a = \pm\frac{\sqrt{2}}{2}$$
$$\rightarrow (a;b) = \left\{\left(\frac{\sqrt{2}}{2};\frac{\sqrt{2}}{2}\right); \left(\frac{\sqrt{2}}{2};-\frac{\sqrt{2}}{2}\right); \left(-\frac{\sqrt{2}}{2};\frac{\sqrt{2}}{2}\right); \left(-\frac{\sqrt{2}}{2};-\frac{\sqrt{2}}{2}\right)\right\}$$

17. Par addition logarithmique inverse

Soit :
$$\left(\frac{1}{\ln(a)}\right)^2 + \left(\frac{1}{\ln(b)}\right)^2 = \left(\frac{1}{\ln(a+b)}\right)^2$$

Alors :
$$a \text{ et } b > 0 \text{ et } \neq 1 \rightarrow \ln^2(a+b)\,(\ln^2(a)+\ln^2(b)) = \ln^2(a)\ln^2(b)$$

On pose :
$$b = ka \rightarrow (\ln(k+1)+\ln(a))^2(\ln^2(a)+(\ln(k)+\ln(a))^2) = \ln^2(a)\,(\ln(k)+\ln(a))^2$$

Et :
$$\ln^4(a) + 4\ln(k+1)\ln^3(a) + 2\ln(k+1)\ln\!\left(k^2(k+1)\right)\ln^2(a)$$
$$+ 2\ln(k+1)\ln(k)\ln\!\left(k(k+1)\right)\ln(a) + \ln^2(k+1)\ln^2(k) = 0$$

Equation du 4ième degré résoluble par radicaux :

$$\boxed{\begin{aligned}(a;b) = &\left\{\begin{matrix}(f_1(k); kf_1(k)); (f_2(k); kf_2(k)); (f_3(k); kf_3(k)); (f_4(k); kf_4(k))\\ ;(kf_1(k); f_1(k)); (kf_2(k); f_2(k)); (kf_3(k); f_3(k)); (kf_4(k); f_4(k))\end{matrix}\right\}\\ &\rightarrow \text{infinités de solutions}\end{aligned}}$$

Et :
$$si\ a = b \rightarrow k = 1 \rightarrow (\ln^2(a) + 4\ln(2)\ln(a) + 2\ln^2(2))\ln^2(a) = 0 \rightarrow a = \begin{cases}1\\ \dfrac{1}{2^{2-\sqrt{2}}}\\ \dfrac{1}{2^{2+\sqrt{2}}}\end{cases}$$

Soit :
$$(a;b) = \left\{(1;1); \left(\frac{1}{2^{2-\sqrt{2}}}; \frac{1}{2^{2-\sqrt{2}}}\right); \left(\frac{1}{2^{2+\sqrt{2}}}; \frac{1}{2^{2+\sqrt{2}}}\right)\right\}$$

18. Par addition logarithmique inverse et inconnue

Soit :
$$\left(\frac{1}{\ln(ax)}\right)^2 + \left(\frac{1}{\ln(bx)}\right)^2 = \left(\frac{1}{\ln((a+b)x)}\right)^2$$

Alors :
$ax, bx \text{ et } (a+b)x > 0 \text{ et } \neq 1 \rightarrow \ln^2((a+b)x)\left(\ln^2(ax) + \ln^2(bx)\right) = \ln^2(ax)\ln^2(bx)$

Et :
$$\rightarrow (\ln(a+b) + \ln(x))^2 ((\ln(a) + \ln(x))^2 + (\ln(b) + \ln(x))^2)$$
$$= (\ln(a) + \ln(x))^2 (\ln(b) + \ln(x))^2$$

Soit :
$(\ln^2(a+b) + \ln^2(x) + 2\ln(a+b)\ln(x))(2\ln^2(x) + 2\ln(ab)\ln(x) + \ln^2(a) + \ln^2(b))$
$-(\ln^2(a) + \ln^2(x) + 2\ln(a)\ln(x))(\ln^2(b) + \ln^2(x) + 2\ln(b)\ln(x)) = 0$

D'où :
$$\frac{\ln^4(x)}{\ln(a+b)} + 4\ln^3(x) + 2\left(\ln(a+b) + 2\ln(ab) - \frac{2\ln(a)\ln(b)}{\ln(a+b)}\right)\ln^2(x)$$
$$+2\left(\ln(a+b)\ln(ab) + \ln^2(a) + \ln^2(b) - \frac{\ln(a)\ln(b)\ln(ab)}{\ln(a+b)}\right)\ln(x)$$
$$+\ln(a+b)\left(\ln^2(a) + \ln^2(b)\right) - \frac{\ln^2(a)\ln^2(b)}{\ln(a+b)} = 0$$

Equation du $4^{\text{ième}}$ degré résoluble par radicaux :

$$x = \{x_1; x_2; x_3; x_4\} \rightarrow \textit{infinités de solutions}$$

Et :

$$si\ a = b \rightarrow \sqrt{2}\ln(2ax) = \ln(ax) \rightarrow x = \frac{1}{\frac{\sqrt{2}}{2^{\sqrt{2}-1}a}}$$

AUTOUR DE PYTHAGORE

19. Par produit logarithmique inverse

Soit :
$$\left(\frac{1}{\ln(a)}\right)^2 + \left(\frac{1}{\ln(b)}\right)^2 = \left(\frac{1}{\ln(ab)}\right)^2$$

Alors :
$$\frac{1}{\ln^2(a)} + \frac{1}{\ln^2(b)} = \frac{1}{\ln^2(a) + \ln^2(b) + 2\ln(a)\ln(b)} \text{ et } a \text{ et } b > 0 \text{ et } \neq 1$$

$$\rightarrow \ln^4(b) + 2\ln(a)\ln(b)\left(\ln^2(b) + \frac{\ln(a)\ln(b)}{2} + \ln^2(a)\right) + \ln^4(a) = 0$$

$$\begin{cases} x = \ln(b) \\ k = \ln(a) \end{cases} \rightarrow x^4 + 2kx^3 + k^2x^2 + 2k^3x + k^4 = 0$$

$$\rightarrow x = \begin{cases} \frac{k}{2}\left(-1-\sqrt{2}-\sqrt{2\sqrt{2}-1}\right); \frac{k}{2}\left(-1-\sqrt{2}+\sqrt{2\sqrt{2}-1}\right); \\ \frac{k}{2}\left(-1+\sqrt{2}-i\sqrt{2\sqrt{2}-1}\right); \frac{k}{2}\left(-1+\sqrt{2}+i\sqrt{2\sqrt{2}-1}\right) \end{cases}$$

D'où :

$$(a;b) = \begin{cases} \left(e^{\frac{k}{2}\left(-1-\sqrt{2}-\sqrt{2\sqrt{2}-1}\right)}; e^k\right); \left(e^{\frac{k}{2}\left(-1-\sqrt{2}+\sqrt{2\sqrt{2}-1}\right)}; e^k\right); \\ \left(e^k; e^{\frac{k}{2}\left(-1-\sqrt{2}-\sqrt{2\sqrt{2}-1}\right)}\right); \left(e^k; e^{\frac{k}{2}\left(-1-\sqrt{2}+\sqrt{2\sqrt{2}-1}\right)}\right); \\ \left(e^{\frac{k}{2}\left(-1+\sqrt{2}-i\sqrt{2\sqrt{2}-1}\right)}; e^k\right); \left(e^{\frac{k}{2}\left(-1+\sqrt{2}+i\sqrt{2\sqrt{2}-1}\right)}; e^k\right); \\ \left(e^k; e^{\frac{k}{2}\left(-1+\sqrt{2}-i\sqrt{2\sqrt{2}-1}\right)}\right); \left(e^k; e^{\frac{k}{2}\left(-1+\sqrt{2}+i\sqrt{2\sqrt{2}-1}\right)}\right) \end{cases} \rightarrow \text{Infinité de solutions}$$

Et :
$$\text{si } a = b \rightarrow \frac{2}{\ln^2(a)} = \frac{1}{4\ln^2(a)} \rightarrow \text{pas de solution}$$

20. Par produit logarithmique inverse et inconnue

Soit :
$$\left(\frac{1}{\ln(ax)}\right)^2 + \left(\frac{1}{\ln(bx)}\right)^2 = \left(\frac{1}{\ln(abx)}\right)^2$$

Alors :
$$(\ln^2(bx) + \ln^2(ax))(\ln(ab) + \ln(x))^2 = \ln^2(ax)\ln^2(bx) \text{ et } ax, bx > 0 \text{ et } \neq 1$$

D'où :
$$(\ln^2(b) + \ln^2(a) + 2\ln^2(x) + 2\ln(ab)\ln(x))(\ln^2(x) + \ln^2(ab) + 2\ln(ab)\ln(x))$$
$$+(-\ln^2(a) - \ln^2(x) - 2\ln(a)\ln(x))(\ln^2(b) + \ln^2(x) + 2\ln(b)\ln(x)) = 0$$

Et :
$$\ln^4(x) + 4\ln(ab)\ln^3(x) + \left(6\ln^2(ab) + \ln(a)\ln\left(\frac{a}{b^4}\right)\right)\ln^2(x)$$
$$+2(\ln^2(b) + \ln^2(a) - \ln(a)\ln(b) + \ln^2(ab))\ln(ab)\ln(x)$$
$$+(\ln^2(b) + \ln^2(a))\ln^2(ab) - 2\ln^2(a)\ln^2(b) = 0$$

Equation du 4ième degré résoluble par radicaux :

$$\boxed{x = \{x_1; x_2; x_3; x_4\} \rightarrow \text{infinités de solutions}}$$

Et :
$$si\ a = b \rightarrow \sqrt{2}\ln(a^2 x) = \ln(ax) \rightarrow x = a^{\frac{1-2\sqrt{2}}{\sqrt{2}-1}} = \frac{1}{a^{\sqrt{2}+3}}$$

21. Par addition racinienne inverse

Soit :
$$\left(\frac{1}{\sqrt{a}}\right)^2 + \left(\frac{1}{\sqrt{b}}\right)^2 = \left(\frac{1}{\sqrt{(a+b)}}\right)^2$$

Alors :
$$\frac{1}{a} + \frac{1}{b} = \frac{1}{a+b} \rightarrow (a+b)^2 = ab \rightarrow (a+b-ab)(a+b+ab) = 0 \rightarrow \begin{cases} a = -\dfrac{b}{1-b} \\ a = -\dfrac{b}{1+b} \end{cases}$$

D'où :
$$(a;b) = \left\{ \begin{array}{c} \left(n; -\dfrac{n}{1-n}\right); \left(-\dfrac{n}{1-n}; n\right); \\ \left(n; -\dfrac{n}{1+n}\right); \left(-\dfrac{n}{1+n}; n\right) \end{array} \right\} \quad \forall n \neq 0 \rightarrow \textit{Infinité de solutions}$$

Et :
$$si\ a = b \rightarrow \frac{2}{a} = \frac{1}{2a} \rightarrow \textit{aucune solution}$$

22. Par produit racinienne inverse

Soit :
$$\left(\frac{1}{\sqrt{a}}\right)^2 + \left(\frac{1}{\sqrt{b}}\right)^2 = \left(\frac{1}{\sqrt{ab}}\right)^2$$

Alors :
$$\frac{1}{a} + \frac{1}{b} = \frac{1}{ab} \rightarrow b^2 a^2 - a - b = 0 \rightarrow a = \frac{1 \pm \sqrt{4b^3 + 1}}{2b^2}$$

D'où :
$$\boxed{(a; b) = \left\{\left(n; \frac{1 \pm \sqrt{4n^3 + 1}}{2n^2}\right); \left(\frac{1 \pm \sqrt{4n^3 + 1}}{2n^2}; n\right)\right\} \; \forall n \neq 0 \rightarrow \textit{infinité de solutions}}$$

Et :
$$si \; a = b \rightarrow \frac{2}{a} = \frac{1}{a^2} \rightarrow a = \frac{1}{2} \rightarrow (a; b) = \left(\frac{1}{2}; \frac{1}{2}\right)$$

23. Par addition carrée inverse

Soit :
$$\left(\frac{1}{a^2}\right)^2 + \left(\frac{1}{b^2}\right)^2 = \left(\frac{1}{(a+b)^2}\right)^2$$

Alors :
$$\frac{a^2+b^2}{a^4 b^4} = \frac{1}{a^4 + 4a^3 b + 6a^2 b^2 + 4ab^3 + b^4}$$
$$\to a^6 + 4a^5 b + 6a^4 b^2 + 8a^3 b^3 + 7a^2 b^4 + 4ab^5 + b^6 = 0$$

Sur les 6 solutions, 2 sont réelles :
$$b \approx \{-1{,}94294a; -0{,}39433a\}$$

D'où :
$$\boxed{(a;b) \approx \{(-1{,}94294n;n); (n;-1{,}94294n); (-0{,}39433n;n); (n;-0{,}39433n)\} \, \forall n \neq 0 \\ \to \text{infinité de solutions}}$$

Et :
$$si \ a = b \to \frac{2}{a^4} = \frac{1}{16a^4} \to aucune \ solution$$

24. Par produit carré inverse

Soit :
$$\left(\frac{1}{a^2}\right)^2 + \left(\frac{1}{b^2}\right)^2 = \left(\frac{1}{(ab)^2}\right)^2$$

Alors :
$$\frac{a^4+b^4}{a^4b^4} = \frac{1}{a^4b^4} \to a^4+b^4 = 1 \to a = \left\{\pm\sqrt{\sqrt{1-b^4}}; \pm i\sqrt{\sqrt{1-b^4}}\right\}$$

D'où :

$$(a;b) = \begin{cases} \left(\sqrt{\sqrt{1-n^4}};n\right); \left(-\sqrt{\sqrt{1-n^4}};n;n\right); \\ \left(n;\sqrt{\sqrt{1-n^4}};n\right); \left(n;-\sqrt{\sqrt{1-n^4}};n\right); \\ \left(i\sqrt{\sqrt{1-n^4}};n\right); \left(-i\sqrt{\sqrt{1-n^4}};n\right); \\ \left(n;i\sqrt{\sqrt{1-n^4}}\right); \left(n;-i\sqrt{\sqrt{1-n^4}}\right) \end{cases} \forall n \neq 0$$

$\to$ *infinité de solutions complexes si $|n| > 1$ ou réelles si $|n| < 1$*

Et :
$$si\ a = b \to 2a^4 = 1 \to a = \left\{\frac{1}{\sqrt{\sqrt{2}}}; -\frac{1}{\sqrt{\sqrt{2}}}; \frac{i}{\sqrt{\sqrt{2}}}; -\frac{i}{\sqrt{\sqrt{2}}}\right\}$$

D'où :
$$(a;b) = \left\{\left(\frac{1}{\sqrt{\sqrt{2}}};\frac{1}{\sqrt{\sqrt{2}}}\right); \left(-\frac{1}{\sqrt{\sqrt{2}}};-\frac{1}{\sqrt{\sqrt{2}}}\right); \left(\frac{i}{\sqrt{\sqrt{2}}};\frac{i}{\sqrt{\sqrt{2}}}\right); \left(-\frac{i}{\sqrt{\sqrt{2}}};-\frac{i}{\sqrt{\sqrt{2}}}\right)\right\}$$

AUTOUR DE PYTHAGORE

25. Par addition sinusoïdale

Soit :
$$(\sin(a))^2 + (\sin(b))^2 = (\sin(a+b))^2$$

Alors :
$$\frac{1-\cos(2a)}{2} + \frac{1-\cos(2b)}{2} = \frac{1-\cos(2(a+b))}{2}$$
$$\cos(2a) + \cos(2b) = \cos(2(a+b)) + 1$$
$$2\cos(a+b)\cos(a-b) = \cos(2(a+b)) + \cos(0) = 2\cos(a+b)\cos(a+b)$$
$$\cos(a+b)\left(\cos(a-b) - \cos(a+b)\right) = 0$$

D'où :

$$2\cos(a+b)\sin(a)\sin(b) = 0 \rightarrow \begin{cases} \cos(a+b) = 0 \rightarrow a+b = \dfrac{\pi}{2} + k\pi \text{ ou,} \\ \sin(a) = 0 \rightarrow a = k\pi \text{ ou,} \\ \sin(b) = 0 \rightarrow b = k\pi \end{cases} \quad \text{avec } k \geq 0$$

D'où :

$$\boxed{(a;b) = \left\{ \begin{array}{c} (k\pi; n); (n; k\pi); \\ \left(n; (2k+1)\dfrac{\pi}{2} - n\right); \left((2k+1)\dfrac{\pi}{2} - n; n\right) \end{array} \right\} \forall n \text{ et } k \geq 0}$$

$$\rightarrow \text{infinité de solutions}$$

Et :
$$\text{si } a = b \rightarrow \cos(2a)\sin^2(a) = 0$$

D'où :
$$(a;b) = \left\{ (k\pi; k\pi); \left((2k+1)\dfrac{\pi}{4}; (2k+1)\dfrac{\pi}{4}\right) \right\} \forall k \geq 0$$

26. Par produit sinusoïdal

Soit :
$$(\sin(a))^2 + (\sin(b))^2 = (\sin(ab))^2$$

Alors :

$$\boxed{(a;b) = \{(0;k\pi);(k\pi;0)\} \,\forall k \to \text{infinité de solutions}}$$

Mais il existe une infinités d'autres solutions bien plus complexes à définir. Et :

$$si\ a = b \to \sqrt{2}\sin(a) = \sin(a^2) \to a = 0 \to (a;b) = (0;0)$$

Mais aussi :

$$\sin\left(\frac{\pi}{4}\right) = \frac{\sqrt{2}}{2} \to \left(\frac{\pi}{4} + 2k\pi\right)^2 = 2k\pi \to \text{pas de solutions réelles pour } k$$

Comme la fréquence de a^2 augmente avec a, il existe une infinité de solutions toutes aussi complexes les unes que les autres.

27. Par addition cosinusoïdale

Soit :
$$(\cos(a))^2 + (\cos(b))^2 = (\cos(a+b))^2$$

Alors :
$$\frac{1+\cos(2a)}{2} + \frac{1+\cos(2b)}{2} = \frac{1+\cos(2(a+b))}{2}$$
$$\cos(2a) + \cos(2b) = \cos(2(a+b)) - 1$$
$$2\cos(a+b)\cos(a-b) = \cos(2(a+b)) + \cos(0) - 2 = 2\cos^2(a+b) - 2$$
$$\cos(a+b)\left(\cos(a+b) - \cos(a-b)\right) = 1$$

D'où :
$$\cos(a+b)\sin(a)\sin(b) = -\frac{1}{2} \to \begin{cases} a+b = 2k\pi \to \cos(2k\pi) = 1 \\ a+b = \pi + 2k\pi \to \cos(\pi + 2k\pi) = -1 \\ a = \pm\frac{\pi}{4} + 2k\pi \to \sin(a) = \pm\frac{\sqrt{2}}{2} \\ b = \pm\frac{3\pi}{4} + 2k\pi \to \sin(b) = \pm\frac{\sqrt{2}}{2} \end{cases} \quad \text{avec } k \geq 0$$

D'où :
$$\boxed{(a;b) = \begin{cases} \left(\frac{\pi}{4} + 2k\pi; \frac{3\pi}{4} + 2k\pi\right); \left(\frac{3\pi}{4} + 2k\pi; \frac{\pi}{4} + 2k\pi\right); \\ \left(-\frac{\pi}{4} + 2k\pi; -\frac{3\pi}{4} + 2k\pi\right); \left(-\frac{3\pi}{4} + 2k\pi; -\frac{\pi}{4} + 2k\pi\right) \end{cases} \forall n \text{ et } k \geq 0}$$
$$\to \text{infinité de solutions}$$

Et :
$$\text{si } a = b \to \sqrt{2}\cos(a) = \cos(2a) = 2\cos^2(a) - 1$$
$$2\cos^2(a) - \sqrt{2}\cos(a) - 1 = 0 \to \cos(a) = \frac{\sqrt{2} \pm \sqrt{10}}{4}$$

D'où :

$$(a;b) = \left\{ \begin{matrix} \left(\arccos\left(\frac{\sqrt{2}+\sqrt{10}}{4}\right); \arccos\left(\frac{\sqrt{2}+\sqrt{10}}{4}\right)\right); \\ \left(\arccos\left(\frac{\sqrt{2}-\sqrt{10}}{4}\right); \arccos\left(\frac{\sqrt{2}-\sqrt{10}}{4}\right)\right) \end{matrix} \right\} \forall k \geq 0$$

28. Par produit cosinusoïdal

Soit :
$$(\cos(a))^2 + (\cos(b))^2 = (\cos(ab))^2$$
Alors, il existe une infinité de solutions non triviales et complexes à définir. Et :
$$si\ a = b \rightarrow \sqrt{2}\cos(a) = \cos(a^2) \rightarrow a = 0\ ou\ a = 1\ ne\ sont\ pas\ solutions$$
Mais :
$$\cos\left(\frac{\pi}{4}\right) = \frac{\sqrt{2}}{2} \rightarrow \left(\frac{\pi}{4} + 2k\pi\right)^2 = 2k\pi \rightarrow pas\ de\ solutions\ réelle\ pour\ k$$
Comme la fréquence de a^2 augmente avec a, il existe pourtant des solutions toutes aussi complexes les unes que les autres.

29. Par addition tangentielle

Soit :
$$(\tan(a))^2 + (\tan(b))^2 = (\tan(a+b))^2$$

Alors :
$$\tan^2(a) + \tan^2(b) = \tan^2(a+b)$$

$$1 - \frac{2\tan(a)}{\tan(2a)} + 1 - \frac{2\tan(b)}{\tan(2b)} = \left(\frac{\tan(a) + \tan(b)}{1 - \tan(a)\tan(b)}\right)^2$$

Ou bien :
$$\frac{\sin^2(a)}{\cos^2(a)} + \frac{\sin^2(b)}{\cos^2(b)} = \frac{\sin^2(a+b)}{\cos^2(a+b)}$$

$$\sin^2(a)\cos^2(b)\cos^2(a+b) + \sin^2(b)\cos^2(a)\cos^2(a+b)$$
$$= \sin^2(a+b)\cos^2(a)\cos^2(b)$$

D'où :

$$\boxed{(a;b) = (\pi n; \pi m) \; \forall n,m \geq 0 \to infinité\ de\ solutions}$$

De plus, il existe d'autres solutions bien plus complexes à définir. Et :

$$si\ a = b \to 2\tan^2(a) = \tan^2(2a) \to \sqrt{2}\tan(a) = \tan(2a)$$

$$\to \sqrt{2}\sin(a)\cos(2a) = \sin(2a)\cos(a)$$

$$\to \left((\sqrt{2} - 2)\cos^2(a) - \sqrt{2}\sin^2(a)\right)\sin(a) = 0$$

$$\to \left(\sqrt{2} - 2 + 2(1-\sqrt{2})\sin^2(a)\right)\sin(a) = 0$$

$$\to \left(\sqrt{2} + 2(1-\sqrt{2})\cos(2a)\right)\sin(a) = 0 \to \begin{cases} \sin(a) = 0 \to a = k\pi \\ \cos(2a) = \dfrac{\sqrt{2}}{2(\sqrt{2}-1)} > 1 \end{cases}$$

D'où :
$$(a;b) = (n\pi; n\pi) \; \forall n$$

30. Par produit tangentiel

Soit :
$$(\tan(a))^2 + (\tan(b))^2 = (\tan(ab))^2$$

Alors :
$$\tan^2(a) + \tan^2(b) = \tan^2(ab)$$
$$1 - \frac{2\tan(a)}{\tan(2a)} + 1 - \frac{2\tan(b)}{\tan(2b)} = 1 - \frac{2\tan(ab)}{\tan(2ab)}$$
$$\frac{\tan(a)}{\tan(2a)} + \frac{\tan(b)}{\tan(2b)} = \frac{1}{2} + \frac{\tan(ab)}{\tan(2ab)}$$

Ou bien :
$$\frac{\sin^2(a)}{\cos^2(a)} + \frac{\sin^2(b)}{\cos^2(b)} = \frac{\sin^2(ab)}{\cos^2(ab)}$$
$$\sin^2(a)\cos^2(b)\cos^2(ab) + \sin^2(b)\cos^2(a)\cos^2(ab) = \sin^2(ab)\cos^2(a)\cos^2(b)$$

D'où entre autres :

$$\boxed{(a;b) = \{(0;\pi n);(\pi n;0)\} \; \forall n \geq 0 \to infinité\ de\ solutions}$$

De plus, il existe d'autres solutions bien plus complexes à définir. Et :
$$si\ a = b \to 2\tan^2(a) = \tan^2(a^2) \to \sqrt{2}\tan(a) = \tan(a^2)$$
$$\to \sqrt{2}\sin(a)\cos(a^2) = \sin(a^2)\cos(a)$$
$$\to a = 0 \to (a;b) = (0;0)$$

Et une multitude d'autres solutions bien plus complexes à trouver existent.

31. Par addition sinusoïdale hyperbolique

Soit :
$$(\sinh(a))^2 + (\sinh(b))^2 = (\sinh(a+b))^2$$

Alors :
$$\frac{\cosh(2a)-1}{2} + \frac{\cosh(2b)-1}{2} = \frac{\cosh(2(a+b))-1}{2}$$
$$\cosh(2a) + \cosh(2b) = \cosh(2(a+b)) + \cosh(0)$$
$$2\cosh(a+b)\cosh(a-b) = 2\cosh^2(a+b)$$
$$\cosh(a+b)\left(\cosh(a-b) - \cosh(a+b)\right) = 0$$
$$-2\cosh(a+b)\sinh(a)\sinh(b) = 0$$

D'où :
$$\cosh(a+b)\sinh(a)\sinh(b) = 0 \rightarrow \begin{cases} \sinh(b) = 0 \rightarrow b = 0 \text{ ou,} \\ \sinh(a) = 0 \rightarrow a = 0 \text{ ou,} \\ \cosh(a+b) = 0 \rightarrow a+b = 0 \end{cases}$$

Soit :
$$(a;b) = \{(0;n);(n;0);(n;-n)\} \,\forall n \rightarrow \text{infinité de solutions}$$

Et :
$$\text{si } a = b \rightarrow 2\sinh^2(a) = \sinh^2(2a) \rightarrow \sqrt{2}\sinh(a) = \sinh(2a) = 2\cosh(a)\sinh(a)$$
$$\rightarrow \sinh(a)\left(\frac{\sqrt{2}}{2} - \cosh(a)\right) = 0 \rightarrow \begin{cases} \sinh(a) = 0 \rightarrow a = 0 \\ \cosh(a) = \dfrac{e^a + e^{-a}}{2} = \dfrac{\sqrt{2}}{2} \rightarrow e^{2a} - \sqrt{2}e^a + 1 = 0 \end{cases}$$
$$\rightarrow a = \ln\left(\frac{\sqrt{2}}{2}(1 \pm i)\right) = \ln(1 \pm i) - \frac{\ln(2)}{2} = \frac{i\pi}{4}(2k+1) \,\forall k \geq 0$$

D'où :
$$(a;b) = \left\{(0;0); \left(\frac{i\pi}{4}(2k+1); \frac{i\pi}{4}(2k+1)\right)\right\} \,\forall k \geq 0$$

32. Par produit sinusoïdal hyperbolique

Soit :
$$(\sinh(a))^2 + (\sinh(b))^2 = (\sinh(ab))^2$$

Alors :
$$\cosh(2a) - 1 + \cosh(2b) - 1 = \cosh(2ab) - 1$$
$$2\cosh(a+b)\cosh(a-b) = \cosh(2ab) + \cosh(0)$$
$$2\cosh(a+b)\cosh(a-b) = 2\cosh^2(ab)$$
$$\cosh(a+b)\cosh(a-b) = \cosh^2(ab)$$
$$(e^{a+b} + e^{-a-b})(e^{a-b} + e^{-a+b}) = (e^{ab} + e^{-ab})^2$$
$$-e^{2ab} + e^{2a} + e^{2b} + e^{-2a} + e^{-2b} - e^{-2ab} - 2 = 0$$

Il existe une infinité de solutions, mais les définir est ici très complexes. Et :

$$si\ a = b \to \sqrt{2}\sinh(a) = \sinh(a^2) \to \begin{cases} a = 0 \\ -e^{a^2+a} + \sqrt{2}e^{2a} + e^{a-a^2} - \sqrt{2} = 0 \to a \approx 1{,}2457 \end{cases}$$

$$\to (a;b) = \{(0;0); (1{,}24571; 1{,}24571)\}$$

33. Par addition cosinusoïdale hyperbolique

Soit :
$$(\cosh(a))^2 + (\cosh(b))^2 = (\cosh(a+b))^2$$

Alors :
$$\cosh(2a) + 1 + \cosh(2b) + 1 = \cosh(2(a+b)) + 1$$
$$2\cosh(a+b)\cosh(a-b) = \cosh(2(a+b)) - \cosh(0)$$
$$\cosh(a+b)\cosh(a-b) = \sinh^2(a+b)$$
$$(e^{a+b} + e^{-a-b})(e^{a-b} + e^{-a+b}) = (e^{a+b} - e^{-a-b})^2$$
$$-e^{2(a+b)} + e^{2a} + e^{2b} + e^{-2a} + e^{-2b} + e^{-2(a+b)} + 2 = 0$$

Il existe une infinité de solutions, mais les définir est ici très complexes. Et :
$$\text{si } a = b \to \sqrt{2}\cosh(a) = \cosh(2a) \to e^{4a} - \sqrt{2}e^{3a} - \sqrt{2}e^{a} + 1 = 0$$

Equation du 4ième degré résoluble par radicaux :

$$a = \left\{ \begin{array}{l} \ln\left(\frac{1}{4}\left(\sqrt{2} + \sqrt{10} + 2\sqrt{\sqrt{5}-1}\right)\right); \ln\left(\frac{1}{4}\left(\sqrt{2} + \sqrt{10} - 2\sqrt{\sqrt{5}-1}\right)\right); \\ \ln\left(\frac{1}{4}\left(\sqrt{2} - \sqrt{10} + 2i\sqrt{\sqrt{5}+1}\right)\right); \ln\left(\frac{1}{4}\left(\sqrt{2} - \sqrt{10} - 2i\sqrt{\sqrt{5}+1}\right)\right) \end{array} \right\}$$

34. Par produit cosinusoïdal hyperbolique

Soit :
$$(\cosh(a))^2 + (\cosh(b))^2 = (\cosh(ab))^2$$

Alors :
$$\cosh(2a) + 1 + \cosh(2b) + 1 = \cosh(2ab) + 1$$
$$2\cosh(a+b)\cosh(a-b) = \cosh(2ab) - \cosh(0)$$
$$\cosh(a+b)\cosh(a-b) = \sinh^2(ab)$$
$$(e^{a+b} + e^{-a-b})(e^{a-b} + e^{-a+b}) = (e^{ab} - e^{-ab})^2$$
$$-e^{2ab} + e^{2a} + e^{2b} + e^{-2a} + e^{-2b} + e^{-2ab} + 2 = 0$$

Il existe une infinité de solutions, mais les définir est ici très complexes. Et :
$$si\ a = b \to \sqrt{2}\cosh(a) = \cosh(a^2) \to -e^{a^2+a} + \sqrt{2}e^{2a} - e^{a-a^2} + \sqrt{2} = 0$$
$$\to (a;b) \approx \{(-1{,}29663; -1{,}29663); (1{,}29663; 1{,}29663)\}$$

35. Par addition tangentielle hyperbolique

Soit :
$$(\tanh(a))^2 + (\tanh(b))^2 = (\tanh(a+b))^2$$

Alors :
$$\tanh^2(a) + \tanh^2(b) = \tanh^2(a+b)$$

Il existe une famille de solutions triviales :

$$\boxed{(a;b) = \{(0;n);(n;0)\}\ \forall n \rightarrow infinité\ de\ solutions}$$

Et il existe une infinité de solutions, mais les définir est ici très complexes. Et :

$$si\ a = b \rightarrow \sqrt{2}\tanh(a) = \tanh(2a) \rightarrow soit\ a = 0\ soit :$$

$$\sqrt{2}\tanh(a) = \frac{2\tanh(a)}{1+\tanh^2(a)} \rightarrow \tanh(a) = \pm\sqrt{\sqrt{2}-1}$$

D'où :
$$(a;b) = \left\{\begin{array}{l}(0;0);\\ \left(\operatorname{arctanh}\left(\sqrt{\sqrt{2}-1}\right);\operatorname{arctanh}\left(\sqrt{\sqrt{2}-1}\right)\right);\\ \left(\operatorname{arctanh}\left(-\sqrt{\sqrt{2}-1}\right);\operatorname{arctanh}\left(-\sqrt{\sqrt{2}-1}\right)\right)\end{array}\right\}$$

Ou bien l'équivalent logarithmique :
$$(a;b) = \left\{\begin{array}{l}(0;0);\\ \left(\frac{1}{2}\ln\left(\frac{1+\sqrt{\sqrt{2}-1}}{1-\sqrt{\sqrt{2}-1}}\right);\frac{1}{2}\ln\left(\frac{1+\sqrt{\sqrt{2}-1}}{1-\sqrt{\sqrt{2}-1}}\right)\right);\\ \left(-\frac{1}{2}\ln\left(\frac{1+\sqrt{\sqrt{2}-1}}{1-\sqrt{\sqrt{2}-1}}\right);-\frac{1}{2}\ln\left(\frac{1+\sqrt{\sqrt{2}-1}}{1-\sqrt{\sqrt{2}-1}}\right)\right)\end{array}\right\}$$

36. Par produit tangentiel hyperbolique

Soit :
$$(\tanh(a))^2 + (\tanh(b))^2 = (\tanh(ab))^2$$

Alors :
$$\tanh^2(a) + \tanh^2(b) = \tanh^2(ab)$$

Il existe une solution triviale :
$$(a; b) = (0; 0)$$

Et il existe une infinité de solutions pour $ab < 1$, mais les définir est ici très complexes. Et :
$$si\ a = b \rightarrow \sqrt{2}\tanh(a) = \tanh(a^2) \rightarrow a = 0 \rightarrow (a; b) = (0; 0)$$

AUTOUR DE PYTHAGORE

37. Par distance

Soit :
$$d_{12}^2 + d_{13}^2 = d_{23}^2$$

Alors, pour avoir un triangle rectangle avec les trois distances ci-dessus correspondantes au théorème de Pythagore, on choisit la 1ère bissectrice ($y = x$) et sa perpendiculaire ($y = -x$) et une autre droite quelconque de pente différente, à savoir :

$$\begin{cases} y_1 = x \\ y_2 = -x \\ y_3 = ax + b \text{ et } a \neq \pm 1 \end{cases} \rightarrow \begin{cases} \begin{cases} x = ax + b \rightarrow x_{12} = \dfrac{b}{1-a} \\ -x = ax + b \rightarrow x_{13} = -\dfrac{b}{1+a} \\ -x = x \rightarrow x_{23} = 0 \end{cases} \\ \begin{cases} y_{12} = x_{12} = \dfrac{b}{1-a} \\ y_{13} = -x_{13} = \dfrac{b}{1+a} \\ y_{23} = x_{23} = 0 \end{cases} \end{cases}$$

Alors :

$$\begin{cases} d_{12} = \sqrt{x_{12}^2 + y_{12}^2} = \left|\dfrac{b\sqrt{2}}{1-a}\right| \\ d_{13} = \sqrt{x_{13}^2 + y_{13}^2} = \left|\dfrac{b\sqrt{2}}{1+a}\right| \\ d_{23} = \sqrt{d_{12}^2 + d_{13}^2} = \sqrt{\dfrac{2b^2}{(1-a)^2} + \dfrac{2b^2}{(1+a)^2}} = \left|\dfrac{2b\sqrt{a^2+1}}{a^2-1}\right| \end{cases} \rightarrow \text{infinité de solutions}$$

En choisissant $a \neq \pm 1$ et b quelconque, on obtient toujours avec cette construction un triangle rectangle puisque y_1 et y_2 forme un angle droit et que y_3 n'est pas parallèle à l'une de ces deux droites. Et en particulier :

$$\text{si } b = \dfrac{12\sqrt{2}}{7} u \text{ et } a = \dfrac{1}{7} \text{ et } u > 0 \rightarrow \begin{cases} d_{12} = 4u \\ d_{13} = 3u \\ d_{23} = 5u \end{cases} \rightarrow \text{infinité de solutions entières}$$

Plus généralement :

$$\text{si } b = \frac{u(u+1)\sqrt{2}}{2u+1} v \text{ et } a = \frac{1}{2u+1} \text{ et } v > 0 \rightarrow \begin{cases} d_{12} = (u+1)v \\ d_{13} = uv \\ d_{23} = v\sqrt{2u^2 + 2u + 1} \end{cases}$$

Par exemple ici avec $v = 1$, on obtient :

u	3	20	119	696	4059	...
a	$\dfrac{1}{7}$	$\dfrac{1}{41}$	$\dfrac{1}{239}$	$\dfrac{1}{1393}$	$\dfrac{1}{8119}$	...
b	$\dfrac{12\sqrt{2}}{7}$	$\dfrac{420\sqrt{2}}{41}$	$\dfrac{14280\sqrt{2}}{239}$	$\dfrac{485112\sqrt{2}}{1393}$	$\dfrac{16479540\sqrt{2}}{8119}$	...
d_{12}	4	21	120	697	4060	...
d_{13}	3	20	119	696	4059	...
d_{23}	5	29	169	985	5741	...

Et il existe d'autres formes d'infinités de solutions entières.

38. Conclusion

Le théorème de Pythagore recèle d'une multitude de variations. Celles-ci sont d'autant de surprises que d'émerveillements. Cette équation appliquée à différentes fonctions f sous les formes suivantes :

$$\begin{cases} f^2(a) + f^2(b) = f^2(c) \\ f^2(ax) + f^2(bx) = f^2(cx) \end{cases} \text{avec } c = a+b \text{ ou } c = ab$$

Permet de trouver des solutions étonnantes. Ainsi, d'autres fonctions $f(x)$ auraient pu également être étudiées comme :

$$\begin{cases} \arcsin(x)\,;\arccos(x)\,;\arctan(x) \\ \dfrac{1}{\arcsin(x)}\,;\dfrac{1}{\arccos(x)}\,;\dfrac{1}{\arctan(x)} \\ \dfrac{1}{\sin(x)}\,;\dfrac{1}{\cos(x)}\,;\dfrac{1}{\tan(x)} \end{cases} \text{et} \begin{cases} \text{arcsinh}(x)\,;\text{arccosh}(x)\,;\text{arctanh}(x) \\ \dfrac{1}{\text{arcsinh}(x)}\,;\dfrac{1}{\text{arccosh}(x)}\,;\dfrac{1}{\text{arctanh}(x)} \\ \dfrac{1}{\sinh(x)}\,;\dfrac{1}{\cosh(x)}\,;\dfrac{1}{\tanh(x)} \end{cases}$$

On peut enfin aller bien plus loin avec les deux formes suivantes :

$$\begin{cases} (f'(a))^2 + (f'(b))^2 = (f'(c))^2 \\ \left(\int_0^a f(x)dx\right)^2 + \left(\int_0^b f(x)dx\right)^2 = \left(\int_0^c f(x)dx\right)^2 \end{cases} \text{avec } c = a+b \text{ ou } c = ab$$

Ou bien encore avec :

$$\begin{cases} (f^2(a))' + (f^2(b))' = (f^2(c))' \\ \int_0^a f^2(x)dx + \int_0^b f^2(x)dx = \int_0^c f^2(x)dx \end{cases} \text{avec } c = a+b \text{ ou } c = ab$$

Ces équations n'ont pas toujours de solutions selon les fonctions que l'on choisit. Leurs formes recèlent des surprises éblouissantes. Saurez-vous vous y atteler et révéler leurs mystères ? A vous de jouer.

AUTOUR DE PYTHAGORE

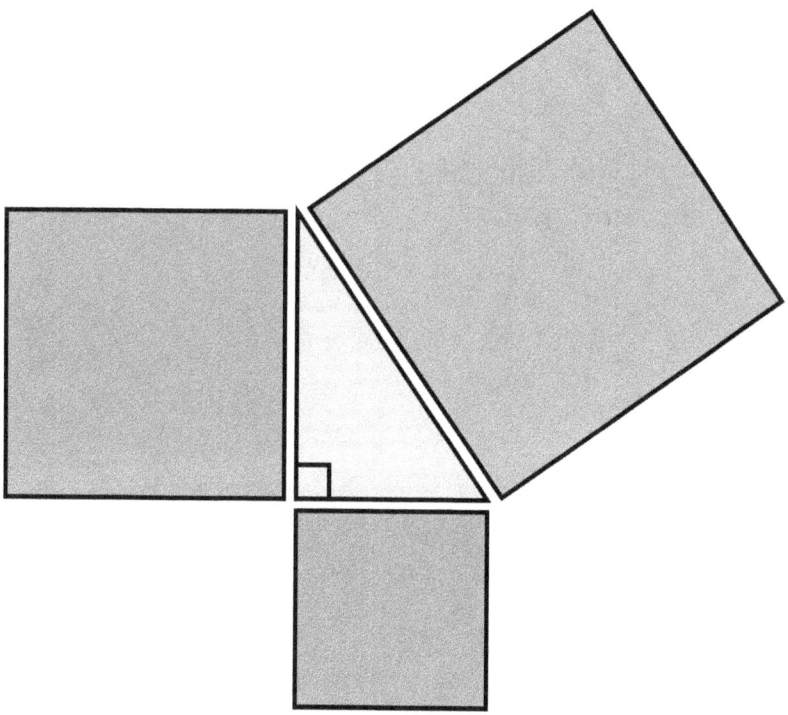

www.ingramcontent.com/pod-product-compliance
Lightning Source LLC
Chambersburg PA
CBHW072147230526
45467CB00040B/741